厨房里的技术宅：

写给美味的硬核情书

邹　熙　主编

日本料理：

家庭料理之心

电子工业出版社
Publishing House of Electronics Industry
北京·BEIJING

图书在版编目（CIP）数据

厨房里的技术宅：写给美味的硬核情书.日本料理：
家庭料理之心 / 邹熙主编. -- 北京：电子工业出版社，
2021.4
ISBN 978-7-121-40159-6

Ⅰ.①厨… Ⅱ.①邹… Ⅲ.①食品－普及读物②菜谱
－日本－普及读物 Ⅳ.①TS2-49②TS972.183.13-49

中国版本图书馆CIP数据核字（2021）第010873号

责任编辑：胡　南
印　　刷：河北迅捷佳彩印刷有限公司
装　　订：河北迅捷佳彩印刷有限公司
出版发行：电子工业出版社
　　　　　北京市海淀区万寿路173信箱　邮编 100036
开　　本：720×1000　1/32　印张：8.875　字数：160千字
版　　次：2021年4月第1版
印　　次：2021年4月第1次印刷
定　　价：98.00元（全五册）

凡所购买电子工业出版社图书有缺损问题，请向购买书店
调换。若书店售缺，请与本社发行部联系，联系及邮购电话：
（010）88254888，88258888。

质量投诉请发邮件至zlts@phei.com.cn，盗版侵权举报请发邮件至
dbqq@phei.com.cn。

本书咨询联系方式：（010）88254210，influence@phei.com.cn，
微信号：yingxianglibook。

日本料理：
家庭料理之心

世界上没有任何一个民族像日本人一样，见缝插针地表达着对民族饮食的喜爱和自豪。不过，和食的基本精神和精髓并非是日料店的精致料理能完全体现的。江户时代的僧人良宽曾说过，不喜之事有三：诗人之诗句、书法家之书法、厨师之料理。任何事物，一旦被过度矫饰，其形式化的美感则会掩盖真实。难怪日本"人间国宝"级美食家北大路鲁山人有如此比喻：家庭料理就像料理中的真实人生。

日本人的舌根依然是执着于米饭的香气与触感的。日本米饭好吃，除了电饭锅的功劳，最重要的还是日本的米。《日本米力》细致拆解了日本大米的食味特点及其与料理的搭配，还有米的小伙伴——清酒的酿成。《和食原则》是北大路鲁山人对料理原则的总结，烹饪者须会体察食材的本质，保有家庭料理之心。《料理的衣裳》介绍了一餐一饭的食器，还有实用的选购、保养指南和日本食器进化小史。最后，我们和《四季便当》的作者、旅居北京的日籍作家吉井忍聊了聊便当的意外之喜；针对少有时间下厨的技术人群，吉井忍还推荐了一道营养均衡又方便快捷的"极客快手便当"。

日本米力：
日本大米的食味与料理

作者 | 周洲

在日本，不管是最北边的北海道，还是最南边的琉球群岛，都以米饭为主食。虽然近代以来受到欧美饮食文化的影响，传统日本料理也和和服一样越来越稀有，大街上西餐厅林立，家庭主妇的拿手料理渐渐变为汉堡肉、意大利面、咖喱之类，只有料亭或和式旅馆之类的地方才能吃到纯正的日本料理。但米饭的主食地位依然稳固，甚至也坚强地存在着信仰的成分。比如带有西餐元素的炸猪排、可乐饼、汉堡肉的旁边都很自然地配有一碗米饭。有时拉面和煎饺套餐中也会配米饭。更有甚者，在西餐厅里，会看到有人在最后还要一盘米饭吃。日本古代以水稻种植为基础建立了国家。古代农耕社会都有把农业与祭祀联系起来的传统。日语里有"稻作仪礼"一词，意思是水稻种植中，插秧、防虫、祈雨之类的礼仪、祭祀，这些在一些乡下地方依然有保留。另外，日本皇室至今还在皇居里保留水田，天皇还要象征性地种田，种出的水稻也会在祭祀仪式上使用。日本人的舌根依然是执着于米饭的香气与触感的。

日本米力

在日本，米分为粳米、糯米、香米、古代米、杂谷米、酒米。我们一般吃的白米饭都是粳米；糯米和香米不用解释了，跟国内一样；古代米是指黑米之类的有色米；杂谷米就是各种杂粮；酒米是指比一般粳米颗粒大、专门用来酿酒的米。有名的"玄米"是从米的精磨程度来说的，玄米就是精磨度低的粳米，我们一般吃的是精磨后的白米。比一般白米精磨度再高的，在日本叫"无洗米"。日本人吃的东西基本上都不是太有咬劲，这可能是因为日本的水质软，水中钙镁离子浓度低，导致日本人的牙齿不好。所以对于粳米他们也不喜欢干硬的口感，更偏好软糯的口感。

决定大米口感与口味的因素，成分层面上主要有两个，一个是淀粉组成，一个是蛋白质含量。

粳米中 75% ~ 80% 的成分为淀粉，其中大约 20% 为直链淀粉，80% 为支链淀粉。直链淀粉对热相对稳定，比较难以糊化，而支链淀粉非常容易糊化。糊化程度直接影响煮出来米饭的黏性或者说糯性，所以直链淀粉越多，米饭就越不粘，吃起来会有点干。特别是饭冷后，直链淀粉多的米饭口感会变得很差。另外，人唾液里的淀粉酶属于 α - 淀粉酶。α - 淀粉酶的特点是只能从淀粉链的末端开始消化淀粉。相对于直链淀粉，支链淀粉有较多的末端，能在口腔中释放更多令人感受到甜味的小分子糖，所以支链淀粉多的米饭吃起来更为甘甜。很多人觉得糯米好吃，是因为糯米中的淀粉全是支链淀粉。

• **直链淀粉**

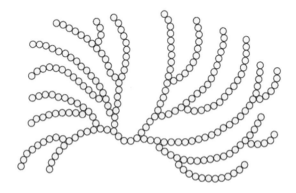

• **支链淀粉**

　　粳米中含有 6% ~ 8% 的蛋白质。煮饭的时候，大米中的蛋白质会阻碍水分的吸收，影响米粒吸水膨胀和淀粉的糊化。米粒吸水膨胀程度变小，糊化受到阻碍，会使米粒黏性变小，吃起来又干又硬。蛋白质含量低于5.5% 的米吃起来口感不会太好。

　　水稻的种植过程是会影响粳米成分的。其中日本人最重视的是水稻抽穗后的"登熟期间"，这一时期的温度、日照、土地肥力，直接影响米粒中的淀粉成分和蛋白质含量。这一时期平均温度越低，直链淀粉的含量会越高。但均温高于 25℃后，米粒中容易出现乳白色的部分，这部分是未成熟的淀粉，不仅影响米粒成色，而且影响食味。日照不足的话，蛋白质含量会偏高，降低米饭的食味。一般如果抽穗后 30 天的均温在 23 ~ 25℃范围，日照充足，昼夜温差大，这样便于淀粉的积累，种出口感良好的稻米。在土地肥力方面，虽然氮素越多米粒中的蛋白质越多，影响口感；但是，登熟期如果氮素不足，也会导致未成熟的淀粉出现，所以因地施肥非常重要。好米的品质目标是，直链淀粉含量在 16% 以下，蛋白质在6.0% ~ 6.8% 之间。

　　日本最具人气、种植最多的是"越光米"（コシヒカリ）。因为它适应日本的水土，直链淀粉和蛋白质含

量低，所以黏性高，味道甘甜，口感软糯。然而并不是日本从南到北都只种越光米，虽然施肥还能人为控制，但气候和地形是无法控制的。为了在各地都种出像越光米这样的稻米，日本人开发了很多品种。比如由于纬度高、气温低，北海道以前产的粳米中直链淀粉含量高。北海道立综合研究机构农业研究本部在越光米的基础之上开发出"闪亮397"（きらら397），虽然食味不及越光米，但却是第一次在北海道种出直链淀粉含量在20%以下的粳米。位于本州岛西南的岛根县，由于水稻登熟期的温度比较高，所以多采用九州冲绳农业研究中心开发的耐高温登熟的品种"绢娘"（きぬむすめ），其食味跟越光米差不多。日本米店情报搜索网上列出了102种有名有姓的品种，还有很多没列出来，总数应该更多。

　　每年，日本谷物检定协会会对日本各产地当年出产的粳米进行食味评价，并且划分级别。总共有五个级别：特A>A>A′>B>B′。评价标准有六个，分别为香气、外观、味道、黏性、软硬、综合评价。做评价的都是拿到"米·食味鉴定士"资格的人。

　　其中，外观主要是看米的颜色、光泽、形状。米中并没有什么特殊的香气来源，所以米饭香是米中成分的综合气味。储存时间长的陈米由于不饱和脂肪酸被氧化分解，会产生游离脂肪酸，这是陈米味道的来源。米饭的味道主要还是来自唾液分解淀粉，使糖的浓度增加而感觉甘甜。黏性和软硬都是口感范畴，主要受米中直链淀粉和蛋白质含量的影响。最后，综合评价是对米饭的整体印象，是分级的基础。

餐桌上的米

　　一般吃饭，不管是配和食还是配西餐，日本人都喜欢吃软糯接近糯米口感的米饭。特别是配菜口味比较重的时候，更是要搭配入口甘甜的米饭。下图左边两组就属于这种。而那种有汤汁的料理，比如盖浇饭或者茶泡饭，就需要配黏性低的米，以免产生湿黏的口感，比如下图右边两组。中间一组可以百搭。

● 一部分品种的口感特性

便当

　　日本人习惯吃冷便当，一般米饭冷后会又干又硬而且结块，但接近糯米的米饭冷后还能维持比较好的口感。此外，一些外卖便当的配菜为了能存放更久的时间，用的味道重咸重甜，就需要搭配入口越嚼越甘甜、有存在感的米饭。所以上图最左边三组是比较迎合日本人口味的。在日本，把粳米和糯米混在一起煮的家庭也不少。我有时会想他们为什么没有把糯米作为主食呢？查了一下发现糯米的糯性为隐性遗传，也就是说糯米水稻如果接受了粳米的花粉，那么最终收获的还是粳米。在古代，如果不是很闭塞的农田，那么要维持糯米的遗传稳定是比较困难的。因为珍贵，所以只有过节庆祝时才会出现糯米做的食物。

牛肉饭

　　国人应该对吉野家或食其家的牛肉饭不陌生。在日本，300日元（15元人民币）左右的牛肉饭是日本平民肚子的忠实伙伴。为了保持低价，在日本牛肉饭御三家——松屋、吉野家、食其家——都使用进口牛肉，有时也使用进口蔬菜，但是大米，他们只用日本国产的，虽然使用的大多是便宜的北海道产闪亮 397。在日本谷物检定协会的米食味级别中，这种米最好的成绩是 A。由于直链淀粉和蛋白质含量怎么都达不到越光米的水准，吃起来糯性不够好，但这反而是一种清爽的口感，而且适当的甘甜还是有的。牛肉饭这种像盖浇饭的料理在日本叫作"丼物"。丼物料理中，黏性低的米方便汤汁渗透到碗底，清爽口感的饭粒与汤汁结合也不会太黏。闪亮 397 这种米大多是在饮食店使用，所以吃到的时候都是热的，只要趁热吃，食味级别 A 的米还是很香的。

寿司

日本代表性的料理寿司所用的米叫作"舍利"（シャリ）。做寿司的米特点是要粒粒分明。寿司进入口中，米粒要马上散开，才能及时让拌了白醋的米粒的酸味与海鲜油脂的鲜甜和轻微刺激的芥末合为一体。一般的米拌了醋后会更黏，捏寿司时会粘手，所以寿司用的米一定不能自带很高的黏性。因为要和注重原味的海鲜类食物搭配，所以米饭本身入口最好只有低调的甘甜。寿司店一般会用一种叫作"笹锦"（ササニシキ）的米。它的特点就是直链淀粉含量高，口味清淡，和白醋拌在一起能够粒粒分明，就像舍利一样。另外还会适当混入一些放了一年的陈米，因为陈米上有很多裂纹，方便醋的渗入。当然，黏性低的米粒之间会有点松散，怎样使寿司在入口之前不垮掉，这就看捏寿司的师傅的功力了。闪亮 397 也可以用在寿司里，但甘甜感比笹錦强。

咖喱

日本人现在吃外国料理越来越多，其中与米的关系最密切的是咖喱。咖喱饭用米既要像香米那样煮出来黏性低、粒粒分明，还要有点嚼劲，但又不能像普通香米那样干硬。在日本，像一番屋那种咖喱店到处都是，可能因为市场具有规模，他们用日本的水稻与印度的水稻杂交，再加上笹錦的血统，培育出了咖喱饭专用的新品种，称为"华丽舞"（在日语里，"华丽"和"咖喱"发音相同）。这种米的特点是外形接近香米，直链淀粉与蛋白质的含量比一般日本大米要高，表面不黏，有点硬，可能比笹錦硬，稍带嚼劲，但吃起来整体感觉是软的。

平民的粗茶淡饭

日本的大城市里，合租的人非常少，一般是一个人租一间 15 ~ 20 平米的房子住，里面有厨房有浴室卫生间。一个人吃饭，就懒得下厨，还要省钱，最简单的就是面包或者方便面。但一般日本人一天总有一顿要吃米。一部分特 A 米便宜的话 25 元（人民币）就能买到 1kg，这个价钱一般人还是能负担的，买 5kg 可以吃几个月。当然，煮一次饭，一个人是吃不完的，可以把吃不完的饭捏成米饭团，用保鲜膜包好放冰箱里。在日本，有很多种吃法可以不下厨做下饭菜，而且也花不了多少钱。

最简单的吃法就是在超市买米饭调味料（ふりかけ）回去，然后直接加在饭上吃。超市里的米饭调味料品种很多，可以买几种轮着吃。

如果能接受，纳豆是种便宜又比较健康的下饭菜。可以在超市买到 5 元人民币三盒装的纳豆，浇在饭上。为了好看一点，可以在纳豆上撒些青葱。超市是有切好的青葱卖的，大概 5 元一小盒，够用两三天。

鸡蛋在日本也是一种便宜的食材，一盒 10 颗在 10 元左右，而且都能生吃。日本的普通酱油都是酿造的，光用酱油调味就够香了。可以做鸡蛋酱油盖浇饭。为了好看，同样可以撒点青葱。

存在冰箱里的饭团可以拿来做茶泡饭（お茶漬け）。其调味料依然可以在超市买到。最好是用绿茶泡，没有绿茶的话，也可以直接用白开水。在超市还可以买到海苔丝，放上去视觉效果会更好。

上面的这些粗茶淡饭看上去还可以，但跟美味无缘，想要些味觉享受的话，可以买超市包装好的熟食，比如速食咖喱。只要连包装放热水里热一下或在微波炉里转一下，浇在饭上即可，或作为下饭菜吃。这些熟食基本上一袋都在 20 元以内。

我觉得最好吃、最奢侈的是自制鲑鱼籽丼。一般100g 酱油腌好的鲑鱼籽卖 40 元左右。在米饭上铺一层鲑鱼籽，再撒些青葱和海苔丝，这样就色香味俱全了。

采购的大米要满足各种各样的吃法。像茶泡饭和咖喱饭要用黏性低的米，而搭配米饭调味料最好用粘性高的米，所以最好买中度黏性的品种。当然最终还是要根据个人的喜好来选择。

煮出一碗好米饭

最后介绍日本一个生活方式网站 Pintoru 所推荐的煮饭方法。

要煮出好吃的米饭，不光米要好，水也要好，最好使用软水。日本的自来水都是软水，只要用净水器过滤掉次氯酸钙（漂白精）就可以了。但中国自来水多是硬水，所以使用矿泉水为佳。

先确定米量和水量，一般水量是米的 1.2 倍，但实际还是以电饭锅的刻度为准。然后是淘米。第一次淘米的水是最容易被米吸收的，普通白米的表面都粘有一些糠粉（无洗米上没有），如果糠粉也一起被吸收的话，对米饭的味道影响不好。所以第一次要洗得很快。如果比较在意的话，第一次用矿泉水洗会更好。淘米的时候水不要放太多，最好是靠米粒之间的摩擦来去除糠粉和脏东西，这样也不会因为手的压力而使米粒受损。淘米次数不能太多，这样会流失营养，洗到米粒有点透光即可。

淘好后，放水里浸泡一段时间。夏天 30 分钟，冬天 1 小时。这样煮的时候热量更容易传递到米芯。最好用冰水煮饭，水温太高容易使煮出来的米饭发黄。

然后就是煮饭。煮饭最重要的是让米粒内外充分受热、每一粒米受热均匀，而且表面不破损，晶莹透亮。这也是日本电饭煲的发展趋势。早期的电饭煲只是底部加热，后来有了电磁感应加热使周围的部分也能受热的 IH（induction heating）电饭煲。

为了使米粒内芯部也充分糊化，厂商在 IH 基础上又加入了相当于高压锅的功能。之后，日本不仅有高压 IH 电饭煲，还有通过变压产生翻动米粒效果的变压 IH 电饭煲，和通过真空促进米粒吸水的真空压力 IH 电饭煲。

为了使每一粒米受热更加均匀，有些厂商在变压的基础上又推出了可向内胆喷射蒸汽的电饭煲。这样还可以增加米粒间的空隙，在软糯口感的基础上保持粒粒分明的外观。

• **不同电饭煲的加热方式**

　　不光是加热方式，电饭煲内胆的材质与构造也是煮出好吃的饭的关键。材质方面，铜的导热性比不锈钢更好，铜制内胆可以使内胆整体很快均一受热。碳不仅导热性高，而且带有远红外效果，碳制内胆可以更均一地给米饭加热。土锅的热传导慢，反过来说就是蓄热性好，有焖煮的效果，所以土锅内胆的保温效果很好。内胆的构造大概分厚壁内胆、多层内胆和真空内胆。多层内胆的热导性非常好，厚壁内胆的蓄热性好。真空内胆有一层真空层，保温性能更好。

　　当然，好的加热方式加上好的内胆，电饭煲的价格也是高得离谱。普通家庭用好米好水和中档 IH 压力电饭煲也可以煮出好吃的米饭。煮好后，尽快打开盖子，把内盖上和内胆周围的水擦干（有些电饭煲内盖上也有 IH

加热，就不会有冷凝水了）。再把米饭轻轻拌一拌，让多余的水分跑掉，这样每粒米的煮熟程度更接近。

米的小伙伴：清酒

清酒又称为日本酒，是用日本特有的制法酿造出来的酒。主要原料是米、酒曲、水。

前文米的分类中提到的酒米，就是主要用来酿造清酒的米，它的日语正式名称叫"酒造好適米"或"酿造用玄米"。酒米的特点是米粒比一般粳米大，中心部有细小的空隙，由于光的反射形成不透明的部分，叫作"心白"。中心的空隙能让酒米比一般的米吸收更多的水，使米在酿造过程中更容易溶化，增加香气。清酒酿造前，为了让心白部分外层更薄，让米更容易溶化，一般要将原料玄米精磨掉30%，也就是只用剩下的70%来酿造，日语里称为"精米步合70%"（我们一般吃的白米的精米步合为90%）。有些高级清酒甚至使用精米步合50%以下的米。酒米是能够承受这种高度精磨而不碎的。和粳米一样，根据各地的气候土壤不同，酒米也有不同的品种，种植最多的为"山田锦"，相当于粳米的越光米。酒米在超市里是买不到的，因为煮出的饭口感不好。

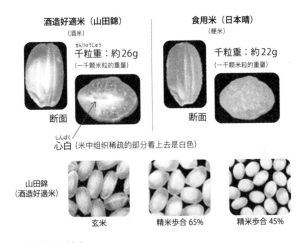

酒造好適米（山田錦）
(酒米)

せんりゅうじゅう
千粒重：約26g
（一千颗米粒的重量）

断面

食用米（日本晴）
(粳米)

千粒重：約22g
（一千颗米粒的重量）

断面

しんぱく
心白（米中组织稀疏的部分看上去是白色）

山田錦
（酒造好適米）

玄米

精米步合 65%

精米步合 45%

• 酿造清酒的米

　　清酒的酿造是先将玄米精磨成所需步合的精米，然后洗米、蒸米。蒸好后，在一部分蒸米中加酒曲菌的孢子，制作酒曲。制成的一部分酒曲与一部分蒸米和水混合一段时间后，加入酵母，让酵母大量繁殖，这部分称为"酒母"。接下来是将酒曲、酒母、所有的蒸米和适量的水加入发酵罐进行发酵，发酵成的半固体物质称为醪。然后将醪压榨，压榨出的液体就是清酒，固体残渣是酒糟。最后压榨出的清酒经过过滤、热处理、储藏，就基本完成了。

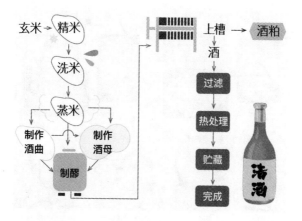

• 清酒的酿造过程

　　日本国税厅的酒税法根据清酒使用的精米步合、原料中有没有酿造酒精、是否采用吟酿法酿造等，把清酒分成 8 种"特定名称酒"。特定名称酒之外的清酒为普通酒。

　　本酿造酒的精米步合要在 70% 以下。压榨前添加了酿造酒精，酸味会变少，整体口味清淡。纯米酒不加酿造酒精之类的添加物，相对于其他清酒，米味丰富，口味浓醇。一吨的米可以生产 3000 升本酿造酒，但只能生产 2400 升的纯米酒。所以纯米酒比本酿造酒的级别高。

特定名称	使用原料 ［注1］	精米步合	酒曲使用 比例
本酿造酒	米、酒曲、酿 造酒精［注2］	70%以下	15%以上
特别本酿造酒	米、酒曲、酿 造酒精	60%以下或特 别的制造方法	15%以上
吟酿酒	米、酒曲、酿 造酒精	60%以下	15%以上
大吟酿酒	米、酒曲、酿 造酒精	50%以下	15%以上
纯米酒	米、酒曲	—	15%以上
特别纯米酒	米、酒曲	60%以下或特 别的制造方法	15%以上
纯米吟酿酒	米、酒曲	60%以下	15%以上
纯米大吟酿酒	米、酒曲	50%以下	15%以上

注1：水不算原料。

注2：酿造酒精是压榨醪之前在醪中添加的酒精。一般使用糖蜜与酵母发酵生产出来的酒精。

特别本酿造酒和特别纯米酒的精米步合虽是60%，达到吟酿级别，但大多不是吟酿法酿造。能称为吟酿酒的，不仅精米步合低，而且采用以低温慢发酵为特点的吟酿法酿造。这会使清酒产生苹果、甜瓜、香蕉等温和的水果香气。所以精米步合 50% 以下、采用吟酿法酿造的纯米大吟酿酒是最高等级的清酒。

　　特定名称酒之外的普通酒使用的原料米一般不是酒米，多是普通粳米。精米步合一般在 70% 以上，但包装上一般不会标识出来。原料中除了米、酒曲、酿造酒精外，一般还会添加糖类和酸味料来调味。酿造酒精的添加也会比本酿造酒要多一些，酒曲的使用在 15% 以下。所以普通酒是最便宜的清酒。

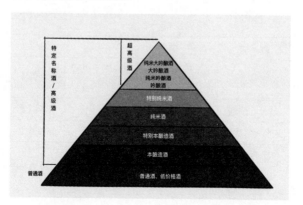

● 清酒的级别

　　选择清酒时应该注意包装上的信息。酒瓶正面的贴纸上会有特定名称酒、精米步合之类的说明。反面的贴纸上有该产品本身的特征、品质说明，还有各种可以参考的数据。

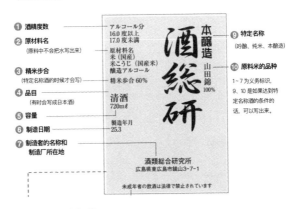

❶ 酒精度数

❷ 原材料名
（原材料中不会把水写出来）

❸ 精米步合
（特定名称酒的时候才会写）

❹ 品目
（有时会写成日本酒）

❺ 容量

❻ 制造日期

**❼ 制造者的名称和
　　制造厂所在地**

アルコール分
16.0 度以上
17.0 度未満

原材料名
米（国産）
米こうじ（国産米）
醸造アルコール

精米歩合 60%

清酒
720ml

製造年月
25.3

本醸造
山田錦
100%

酒総研

酒類総合研究所
広島県東広島市鏡山3-7-1

未成年者の飲酒は法律で禁止されています

❾ 特定名称
（吟醸、纯米、本酿造）

❿ 原料米的品种

1~7 为义务标识，
9、10 是如果达到特
定名称酒的条件的
话，可以写出来。

• 酒瓶正面的标签

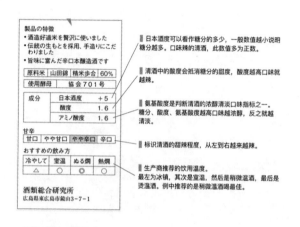

• 酒瓶背面的标签

周洲 ｜ 东京农业大学食品营养学研究生。曾经参加过动画、漫画、galgame的翻译汉化，对萌文化免疫的二次元少年。

和食原则：家庭料理之心

作者 | 海狸

世界上没有任何一个民族像日本人一样，见缝插针地表达着对民族饮食的喜爱和自豪。且不说有《深夜食堂》《孤独的美食家》等诸多"直奔主题"的漫画、影视作品。哪怕是在《半泽直树》这样与"吃"没有丝毫关联的日剧中，几乎每一集，导演都会给主人公的晚餐以特写镜头。更为有趣的是，在剧中不管是厂长与情人在心斋桥道顿堀的西式餐厅纸醉金迷，还是大和田常务经常现身的高档和式餐厅，都与半泽太太每晚为他精心准备的家庭料理形成了鲜明对比。妻子对先生的体贴、丈夫对太太的信赖，全都通过一桌看似朴素、日常，实则饱含心意的家庭料理体现出来。

时下说起日料，不管喜爱与否，大部分人都能立刻说出不同鱼类的刺身、种类繁多的寿司、酱汁美味的鳗鱼饭，甚至极端精致的怀石料理。事实上，和食的基本精神和精髓并非是日料店的精致料理能完全体现的。江户时代后期的僧人良宽曾说过，不喜之事有三：诗人之诗

句、书法家之书法、厨师之料理。任何事物，一旦被过度矫饰，其形式化的美感则会掩盖真实。难怪日本"人间国宝"级艺术家北大路鲁山人有如此比喻：家庭料理就像料理中的真实人生，而餐厅的料理则是空有表象的戏剧。而且，为了游走在低层社会，他们不得不演戏。

北大路鲁山人以嚣张猖狂著称，他不仅毫不掩饰地表示，日本大多数美食家都是吃蹩脚饭菜的人，老子才是天下第一美食家。在吃到不够美味的寿司时，更是直接痛斥店家做"假寿司"；对偷了自己做的陶器出去卖钱的女儿，也是立刻扫地出门，连自己的葬礼都不允许她参加。就是这样一个耿直的"人间国宝"，在书法、陶艺、料理、篆刻等多个领域都有过人的造诣，他留下的饮食文字更是创造了日本独有的和食文化，对日本饮食理念的影响持续至今。在鲁山人眼中，日本家庭料理有几个基本原则。

一、料理不等于烹饪

比起单纯地烹煮食物，"料理"二字则有"料察食材之理"的含义，料理是让人运用眼耳鼻等感官来享受的"美"与"味"。对于制作料理的人来说，料理切忌违背食材的自然属性。烹饪技巧只是其次，了解每一种食材的天然味道，发挥它的优势，根据季节不同，选择最为应节的食材合理搭配，才是让料理美味的关键所在。

曾经有一位女诗人向鲁山人请教食材该如何搭配，鲁山人反问她，"如果请你写一首黄莺的诗，你会用什么来衬托黄莺呢？"女诗人答不上来。鲁山人只好自己接话道："如果是我来写，首选梅花。"这下轮到诗人吃惊了："黄莺配梅花吗？这种搭配也过于俗套了吧。"鲁山人只好解释：每年春天一到，雌黄莺就会飞进我家院子里，停在梅花树枝上唱歌。之所以会有黄莺和梅花的组合，既不是因为念起来顺口，也不是因为画面好看，完全是黄莺按自己的意志做出的选择。如果仅仅是因为觉得这种搭配缺乏新意而强行创新的话，就违背了自然，料理也是同样的道理。

　　人类存在至今，食材的品类已基本固定，不能因为某种料理是从古人开始就一直食用就说它陈旧。享用西餐之前会先喝汤，吃鳗鱼时会搭配烤海鳗，只有搭配协调与否，并没有新旧之分，关键还在于对食材本质的体察。

二、家庭料理之心

　　在许多家庭题材的日本电影中，料理都被导演当成表现情感的重要媒介。小津安二郎用茶泡饭来比喻夫妻关系拍出了《茶泡饭之味》，是枝裕和用一场母女二人在厨房准备料理的戏为《步履不停》开场。与华丽精致的宴席料理不同，家庭料理最本质的是"真心"。

　　鲁山人认为家庭料理不能是模仿宴席料理的仿冒品，而必须是注入灵魂的，是以满心热情所制作出来的料理才行。哪怕是用从宴席上带回残肴，回家后再配以食材用心搭配，就算不专业，但承载着对家人心意的料理，也会是美味可口、充满真意的料理。

三、选择食材最为重要

　　"日本料理不算好，但是他们有些原料很讲究，例如米饭，又如豆腐。在三藩市的一个日本饭馆里，我看见一碟洁白平正的豆腐，约有五寸长三寸宽，就像是生豆腐，又没有火锅可投入。我用汤匙舀了一角，就这么吃了。如果是盐开水烫过的，也还是淡，但是有清新的气息，比嫩豆腐又厚实些。结果一整块都是我一个人吃了。"这是张爱玲在一篇谈吃的文章中对日本料理的评价。日料既然要讲求要保持原味，那么为了做出美味，在挑选食材方面则必须十分在行。

"美味菜肴要以材料为本，食材不好，厨艺再高都无法施展。"持此观点的鲁山人，用不断地"吃"来寻找各种食材最"好"的时刻，以鸡肉为例，鲁山人能发现诸如"最能体现鸡肉美味的是体型中等的鸡，并且生蛋前的鸡肉味道比生蛋后的好"之类的独家心得。做料理的人，只要善于识别材料的优劣，不用花大价钱就能选出优质的食材，料理的制作也会立刻变得简单。

四、新鲜蔬菜的重要性

常吃日料的人都能发现，和食在视觉上极为讲究，尤其是对色彩的运用。为了让料理看起来色泽鲜艳，蔬菜的新鲜度变得十分重要，讲究的日料多使用当天采摘的蔬菜。对于一位把买来的新鲜菠菜放了两天还没处理的主妇，鲁山人揶揄道："菠菜可不是厨房里的插花啊！"

　　寿岳章子在《千年繁华》里回忆童年在京都的饮食生活时谈到，一旦决定晚餐要做竹笋，她就会跑到家附近的农家去拜托，"我想要三个竹笋，傍晚的时候要"。农家就会去地里把竹笋挖出，将肥大柔软，还沾着泥土的竹笋送到她家里。因为竹笋新鲜，只需加入味增煮熟，便能成为一道佳肴，民艺大师柳宗悦就十分喜欢这道简单的料理。

　　不仅主菜越新鲜越好，像萝卜泥这样的配菜其实也有所讲究。很少听到有人会跟店家要求"萝卜泥能不能换一盘更新鲜的呢"？这是因为大部分人都不知道萝卜泥的新鲜度对风味的影响。实际上，在吃金枪鱼时，萝卜泥非常重要。只要萝卜泥是用刚采摘回来的新鲜萝卜制成的，其辣味适当，就完全可以替代芥末。大部分时候是因为萝卜不好，才要用芥末来补救，而芥末并非是金枪鱼最好的配料。

五、慎用调味料

　　"黄瓜就是黄瓜，蚕豆就是蚕豆。"和食讲究体现食材的原味，对味精等人工调料多有避忌。鲁山人虽然认为如果方法得当，味精也可以调制出可口的菜品，但他

却坚持不用味精，而是用自己制作的海带高汤、鲣鱼高
汤来调味。

鲁山人认为和食比西餐优质的最大原因，就是食材
拜天然所赐，无需西餐的复杂技巧便可有美味食用。新
鲜的鱼，只需撒上盐直接烤制，便能成为一道风味绝佳
的美食。而中餐和西餐，过度依靠人工调味粉饰，虽然
能体现料理制作者的聪明才智，却不懂品天地之原味，
忽视了展示原汁原味才是料理最根本的原则。

六、食器是料理的衣裳

日料在盛盘艺术和食器方面极为讲究，食器更被鲁
山人比喻为"料理的衣裳"。即使是美味佳肴，若装进
粗俗或怪异的餐具里，也无法给人以好感。盛盘也是如
此，尤其是火锅的盛盘，若不讲究则很可能给人剩鱼烂
菜大拼盘的感官。盛火锅材料以深盘最为合适，盛高为上。
从讲究盛盘开始，当你希望能呈现出更好的视觉效果时，
自然就会关注餐具。日本的餐具多注重质朴淡雅，与和
食讲究体现原味的气质相辅相成，与西洋餐具清一色纯
白和中式餐具多彩繁复的花纹不同。餐具也折射出不同
国家料理的气质。

从豆腐料理看和食原则

以做汤豆腐为例，我们来看看上述所有原则在实操中的具体表现。

食器：砂锅、杉木筷子

砂锅最好，没有的话铁锅、搪瓷锅、铝锅勉强凑合，但它们煮起来都会受热不均匀且太快，没有汤豆腐该有的温厚的闲情。吃豆腐时，涂漆筷子或象牙筷子是夹不起豆腐的，只能用杉木筷子，筷子不滑才能夹住豆腐。

调味：海带高汤或者鲣鱼高汤

海带高汤是在锅底铺上一两张海带，再放上豆腐，最后加水。海带长五六寸，入锅时需要把海带切断放置，避免水开后豆腐下的海带被冲起来。海带汤的调味料需要：葱末、当归、老姜片、柚子皮、花椒粉，其中必不可少的是葱。

鲣鱼高汤最关键的是煮汤的材料，用煮熟后晒成半干的鲣鱼，口味清淡的话就选用鱼背部的肉，如果是重口味，就可以用鱼腹的肉。将鱼肉剥下后，用砂糖和酱油炖煮，接着加入切细的蔬菜和油炸的豆腐，最后再放入豆腐。

　　除了上述注意点外，最最重要的自然是豆腐本身。如果没有上好的豆腐，再怎么料理也是白搭。

　　说到底，美食不是靠说就能做出来的，品鉴美食也不是靠看美食家的文字就能积累经验的。想做出美味可口的食物就得动手去实践，想成为名副其实的美食家就得不断去吃。北大路鲁山人提出的和食基本原则，可以成为你在成为吃货的路上少走弯路的指南，却不可能代替你去品尝日料之美味。

参考书目和延伸阅读

[1]　《食神漫笔》北大路鲁山人，山西人民出版社，2014年11月版

[2]　《料理王国》北大路鲁山人，生活·读书·新知三联书店，2015年5月版

[3]　《千年繁华》寿岳章子，生活·读书·新知三联书店，2012年4月版

[4]　《耕食生活》早川由美，新星出版社，2016年5月版

海狸　｜　本职做书人，业余日本爱好者，重度文艺发烧友。

料理的衣裳：一餐一饭的食器

作者 | 海狸

　　食器是料理的衣裳，北大路鲁山人的这个比喻对日本食器的影响深远。他提出，如果食器差，那么料理也不会发达；相反食器质佳的时代，也是料理最为先进的时候。以中国料理为例，鲁山人认为中华料理最蓬勃是在明代，因为中国的食器以明代的最为优美；到了清代，技术渐渐退化，食器的品质变差，料理也就退化了。这虽是一家之言，但如果用来佐证日本食器的发展和当今日料发达之间的关系，确实十分在理。

　　日本烧制品产地大约有 30 处，其中京都的清水烧汇聚各地风格，不管是陶器还是瓷器、古朴风格还是华丽风格，都比较齐全。日本一般家庭用不起很昂贵的食器，但出去旅行时都会留意当地烧制品，淘一些有稍许瑕疵但很有特色的半价品回去。使用的时候不必在意产地的不同。特别是陶器和漆器，带有土和木的自然触感，不同产地的烧制品和漆器组合使用都不会有违和感。家庭不像料亭那样拥有各种颜色和形状的食器，不能很细致

地根据料理的种类不同去搭配食器。家用食器所注重的
是它的大小、形状、色调、厚度与料理相配不相配，还
有季节、当天的心情等。

一餐一饭的食器

按功能划分，食器可以分为最常用的饭碗、可装大
分量果蔬的钵、装酱菜或甜品用的小钵、可以豪迈地盛
放料理的大盘、放调味料的小碟子、饭后喝茶的茶具等。
但在日常一餐中，用什么器皿装什么料理并没有严格的
规定，许多主妇更愿意选购一些随和的器皿，方便一物
多用。比如直径较长的浅钵，全家人一起吃饭时可以用
来装色拉、生鱼片，甚至盛炖肉，也可以用来装意面或
各种烩饭。而小钵，既可以用于盛红豆汤、冰激凌等甜点，
吃火锅时也可以用来当作小碗。

每顿饭都会用到的饭碗，你会如何选择？日本著名
的陶瓷策展人祥见知生在《日日之器》中给出了自己的
选择标准：单纯朴素的饭碗最好；能刚好容纳于掌心，看
着让人心情平静的最好。作为每天都要用到的器皿，确
实无需抢眼，沉静质朴即可。

除了饭碗没有太多的形态之外，其他每个种类的食
器都有各种不同的形态。讲究原汁原味的日料，在食器

方面也多有模仿自然之作。小盘、小钵多有做成花型、半月形、树叶形的。盘和钵如何区分？一般来说比较深的就是钵，虽然也有深盘和浅钵，但两者并没有特别明确的界定。除了模仿自然事物的造型，还有扇形、铜锣型、四方形、带双耳等造型。

摆盘的讲究

与日本料理的原则一样，料理的做法要从食材的特性出发，摆盘的方式也是由器皿自己表达出来的。家庭用的食器，主要是陶瓷类，其次是漆器。

青花瓷可以和几乎所有和食搭配，甚至可以和意大利面、咖喱饭、中华料理搭配。特别是来客人时，需要用大型食器装盘，不需考虑太多色调的搭配。并且随着进食，料理减少，就算料理被吃散，也不会太难看。所以使用非常方便。

陶器有保温的效果，因此多被用来盛放热的料理。使用陶器的标准动作是：盛热的料理就得先温热食器，盛冷菜则需要先冰镇陶器。不过在日常生活中，确实也不必如此讲究。由于陶器多是柔和、自然的中间色调，与色调清淡的煮物、盐烤鱼等料理非常般配，还可以掩盖料理中的一些食物削碎，使料理显得更美味。不同的季节使用有当季图案的和食器，比如樱花、麦穗等，可以给进食过程带来一些情趣。

盛汤一般用**漆器**。如果是味增类的，用内面为暖色调如红色的漆器，可以给料理增加艳丽色彩。到了冬天，还可以用木头颜色的漆器或木制器具，增加温暖的感觉。而不加味增、清澈的汤一般配黑色或其他深色器皿，可以让汤看上去更为清澈。

使用**大盘**时，煮物、炒菜、凉菜等料理中如果有颜色鲜艳的食材，比如胡萝卜、嫩豌豆荚、四季豆，这些应该和外形好看的其他食材一起放在外层，让吃菜的人能看到。如果可以，最好堆成富士山的形状，这样更有立体感，看上去也更丰盛、豪华。

如何选购陶瓷食器

挑选陶瓷器皿也是了解自己的契机，想要得到好的器皿，必须建立自己的审美系统，也就是了解自己的喜好。陶瓷器与其他消费品不同，它与年龄、性别有关，使用方式也非常个人化，只要你乐意，拿古董食器装牛排都可以。

刚开始挑选时，如果不知怎么入手，不妨先从颜色的喜好开始。在逐渐了解食器的文化和历史的过程中，你的喜好自然会提升到更高的品位。食器不用一次性买齐，一点一点收集更有趣味。下面为大家简单介绍一下在日本挑选食器的方法。

购买的地点：食器还是不要通过网络购买为好，用双手去感觉它被拿在手里时的质感，更容易发现自己偏好的类型。通常买食器可以去专卖店、百货公司、艺廊，如果想发掘更多的精品，可以去地方上的窑厂，或者美术馆、博物馆，参加茶道会也有机会能见到高品质的食器。需要注意的是，如果去窑厂挑选，最好具备一些陶瓷器的基本知识，这样更有助于淘到物美价廉的器皿，不然肯定会迷失在窑厂或者陶器市场那茫茫器皿中。

挑选的注意事项：陶瓷器皿都是易碎品，拿起赏玩之前最好先与店员知会一下，用双手小心拿取。手上的戒指、手链最好除下，用双手去包覆器皿，感受它的手感。如果随身携带了大件行李，也必先放在不会造成障碍的地方。

发现喜欢的器皿后：首先要确认它的触感。包括大小和重量是否方便日常取用，口造的厚度是否合适，嘴巴的触感是否舒服，摩擦器皿而发出的声音是否可以接受，器皿是否有伤痕。在检查时不要忘记确认底部圈足之类容易忽略的地方。其次想象一下使用它的场合。用于装

什么料理？是否可以一物多用？与家中其他的器皿色彩
协调吗？能否与其他器皿叠加收纳？最后再根据自己的
预算来考虑是否购买。

陶瓷食器的保养事项

使用前：买回器皿后，用柔软的海绵和中性洗洁精清
洁，价格标签用温水卸除干净。瓷器基本不透水、不染
脏污，比较好处理。但在陶器上，除了有肉眼可见的釉
裂的孔穴外，还有很多细小得看不见的气泡，如果脏污
或水分进入，就会形成污渍，盛菜时的味道也会留在器
皿上。为了避免污渍和味道附着，可以在正式使用陶器前，
用洗米水煮煮器皿，洗米水中的淀粉会填满陶器上的小孔，
强化它对抗味道和水分的能力。煮陶器时，水量需盖过
器皿，煮 30 分钟后放冷。此后在每次使用前，最好也用
白开水先烫过再使用。

使用时：用陶器盛装油炸物，最好先铺张纸；装鱼类
料理时，可以选择铺纸或淋上薄薄一层色拉油；含醋的
食物比较麻烦，首先要避免用有金彩、银彩花色的器皿，
醋会使花纹变色，最好用时常被洗米水煮、使用超过半
年以上的器皿，醋不易附着。

用餐结束收拾餐桌时则要注意，千万不要层叠陶器，陶器底部的圈足多半没有上釉，极易被调味料或食材污染。洗碗时也要注意，不要用有磨砂效果的洗碗布、洗洁精，钢刷也是绝不能用的。用柔软的海绵或擦手布清洗陶器最佳。

使用后：器皿最大的敌人是潮湿和振动。收纳器皿有些讲究。首先，等器皿彻底干燥再收纳。不仅洗完后要晾干，等待气孔里的水汽也蒸发干净，在洗碗前也应尽量缩短用水泡脏碗的时间。陶土最怕潮湿，收纳的空间应该通风良好，比如桐木箱、笼子等。此外，要避免器皿层叠过多，盘子以五六个为限，器皿之间也最好能夹着布或纸，避免粗糙的圈足划伤其他器皿。瓷器较坚硬，不建议与陶器叠加存放。

最后以日本著名的陶艺策展人祥见知生的话结尾：

> 每天的餐饭滋养我们的身心，我想起餐桌上总是摆放着全家人的餐具。这些器皿总在我们的身边，支持着我们的饮食生活。我希望在无可取代的日日餐桌上，都能有淳朴、美丽同时寄托着陶作家心意的器皿陪伴着。

日本食器进化小史

日本食器的材质有陶瓷、漆器、玻璃器、铁器。最大宗的当属陶瓷类，日本把陶瓷统称为烧制品（烧き物）。日本陶瓷器起源于绳文年代，以土条造型后烧制，称为绳文土器。之后从朝鲜传入了须惠器，日本人开始用辘轳制作陶器。奈良时代，受唐三彩的影响，日本出现了绿、黄、白三色的施釉陶器，被称为奈良三彩，此时施釉陶器只供贵族和少部分武士使用，平民用的是从须惠器改良而来的素烧陶器。到了日本战国时期，陶瓷器赢来了最辉煌的安土桃山时代，出现了"一乐、二萩、三唐津"的说法。这是当时茶界对烧物的排名：第一位是由千利休定型的京都乐烧，其特点完全符合千利休的"侘寂"审美观，釉色古朴、典雅，造型柔美。排名第二的萩烧，比京都乐烧更为朴素，几乎没有任何装饰，色调柔和，全靠烧制时产生的釉裂做点缀。然而萩烧的乐趣在于，由于所用的土质偏软，每次使用后，茶水和酒水会逐渐渗入釉裂之处，于是它的外观会随着使用时间而改变，为使用者留下岁月的记录。

由朝鲜陶工们在日本制作出的唐津烧位列第三，以粗犷、简单闻名，是一种更接近平民的器皿。灰色的釉和深褐色的彩绘带来一种古朴的风雅气质。这时期的制陶发展得益于丰臣秀吉对朝鲜发动战争后带回的李朝陶艺师。在这些匠人的不懈努力下，到了江户时代初期，他们在有田的泉山发现了制作瓷器的材料：陶石，于是产出了日本最早的瓷器。洁白光亮的食器在当时太过罕见，因此瓷器一经产出，立刻引起轰动，风靡全日本。

• 江户时代伊万里烧"染付松竹文德利"，东京国立博物馆。

　　江户时代烧成的有田瓷器也称为"古伊万里", 得名于有田附近出口瓷器的伊万里港, 初期的伊万里瓷器, 由于制作技法不够先进, 会出现上釉不均匀的情况, 甚至能看到匠人的手指留下的印记。但这种指痕被日本人认为是古拙之美, 让初期伊万里瓷器尤为珍贵。美丽雪白的伊万里瓷器, 在欧洲也受到了欢迎, 但瓷器直到江户后期, 才进入了普通百姓的生活, 成为日常食器。

　　明治维新后, 陶瓷器生产的出口成了盛极一时的产业, 并出现了新式的陶艺学校, 私人陶艺家也越来越活跃。到了昭和初期, 由柳宗悦、何井宽次郎等人发起的"民艺运动"极大地促进了日本陶瓷器的发展。民艺即民众的工艺, 是柳宗悦的自创词汇, 指首先是实用的物品, 其次是大众用品, 批量制造、价格便宜、贴近人们生活的物品。由于民艺运动的兴起, 古时的制陶工艺、失传的技法又重新被发掘、改良, 成熟的陶瓷文化也让日本食器也得以进一步发扬光大。

● 日本民艺运动之父：柳宗悦。

参考书目和延伸阅读

[1] 祥见知生《日日之器》，新星出版社，2015年
  10月版

[2]　　小林和人《永恒如新的日常设计》，广西师范大学出版社（理想国），2015年8月版

[3]　　三谷龙二《木之匙》，湖南美术出版社（浦睿文化），2016年3月版

[4]　　松井信义《图解日本陶瓷器入门》，积木文化，2013年3月版

[5]　　SML《最美之物》，新星出版社，2015年6月版

海狸　｜　本职做书人，业余日本爱好者，重度文艺发烧友。

吉井忍：极客快手便当

作者 | 吉井忍   **采访** | 不知知

《和风浮世绘》中有一章讲到便当的功能性艺术（functional art），其中写到制作日本料理的铁则，是将料理的大小做成一口可以吃下的形状，无论是寿司、生鱼片或和果子都制作成这样的尺寸。像制作和果子的师傅可以将每个和果子精准地控制在 45 克的大小方便就口；如果料理无法制作成一口大小，则制作料理的师傅必须运用"隐藏式切法"，也就是在素材的内部割上一刀，外侧虽然看不到痕迹，但是方便食用者以筷子轻松地切成适当大小；若为滑溜的食材，则必须运用到"碎浪切"的刀法，以方便筷子拿取。

日本的便当美学不仅是视觉上的传达，也在制作过程中增加了许多功能性的考虑，除了便利性外也顾虑到用餐的优雅。便当被视为一个缩小型的食案，方寸中自成一个小宇宙，精巧而极具效能。"能够拥有这样敏锐的眼界与触点，绝非一朝一夕所能培养出来的，除了个人的涵养与修为外，还包含了生活的经验与体验，以及一种纤细、完整的服务性精神与态度。"

　　家庭便当不比料亭，但制作食物的心意是一脉相通的。写有《四季便当》一书的吉井忍是旅居北京的日籍作家。她秉持"使用当地当季食材"的原则，凭借普通的工具做出元气满满的便当，实惠而且健康。每一个人日日面对的都是平凡事物，生活之美正是在平凡中投入巧思。便当的"好"不在于盒子，而是在它背后的故事和心意，这一点也是吉井想要透过《四季便当》传达的。我们和这位认真做家常便当的食物创造者，聊了聊回归本心的家庭料理和制作便当时收获的意外之喜。针对经常加班、少有时间下厨的技术人群，吉井忍还推荐了一道营养均衡又方便快捷的"极客快手菜"。

● 手鞠寿司步骤。摄影：吴飞；图片来源：《四季便当》

便当的创造

您一般按照什么原则来选择食材？您如何看待食物和烹饪它的工具？

当季食材为主。我一般都在社区里的菜市场买菜，听卖菜阿姨的推荐就买几种蔬菜，再搭肉类、鸡蛋和豆制品。因为我这几年都在一个固定的摊子买蔬菜，我们都认识，所以她可以教我什么蔬菜的农药会少一些，或这个季节营养价值最高的种类等等。调料方面有时候会用日式的，比如味噌、柴鱼片或芥末，但不是特别多。用中国当地食材和普通工具，一个便当可以轻松做出来的。

做便当时会比较看重哪些方面？

可能不少读者会以为"便当"是要做成精致、漂亮的样子，其实不然。我平时做便当，看中的是当日的胃口。若自己想吃口味重一点的，会做炸鸡块或肉片之类的；也有时候觉得，最近自己体重增加了，就可以放些清淡的鸡胸肉、水煮蛋或素菜来做便当。价格方面，若你用普通材料（来自菜市场和超市），也一般能控制在 10 元左右。

对于中国爱好者来说，关于便当有哪些容易疏忽或误解的地方？

便当没有严格的规定一定要怎样，基本可以按大家的个人口味和当天入手的食材搭配自由发挥，所以制作过程我不多说了。另外，我在网上发便当图片的时候，不少网友留言或发私信问我这个便当盒在哪里有卖。也许大家看到日本主妇做的便当时，首先注意到的是盒子，但其实便当的"好"不在于盒子，而是在它背后的故事和心意。我透过《四季便当》想传达的也就是这点。

我们平时也会带饭去上班，但经常是为了解决前一天的剩饭，相比之下，便当的感觉更正式，更像一顿正餐。

我也会放剩饭，和你们一样呢。不过不管用什么材料，我会考虑主食、主菜和配菜的比例和营养平衡。在《四季便当》中介绍过"便当的黄金比例"：主食约占盒子容积的一半，主菜占三分之一，剩下的部分放蔬菜。

便当的创新

您会不会特别设计一些新的菜谱？能否分享一个新菜式的诞生过程？

完全新的菜谱，我不太会研究出来。一般都是我母亲做的便当，按照中国这边的食材调整一下而已。比如，照烧鸡肉在日本，一般都会加味醂（带甜味的料酒），但在北京的普通超市几乎不可能找到这个调料。所以我把照烧用的调料比例调整了一下，把白糖和料酒放多一些，这样也可以达到和日本差不多的照烧味。

有过失败的创新尝试吗？

我给丈夫做便当的时候，一般都会给自己也做一个，哪怕那天没有出去，在家里吃便当也不错的，还可以省点给自己准备午餐的时间。这个做法的好处就是自己能知道在早上做的便当，到了中午它的味道会怎么样。经验告诉我，尽量不要放生菜叶子，它到中午的时候在盒子里完全没有了新鲜感，颜色也变得不好看。

有没有遇到过一些食材，通常感觉不适合用来做便当，结果试做出来效果还不错，获得了意外之喜？

　　最近我用大盘鸡做便当，就是前一个晚上在餐馆没吃完，打包带回家的。早上我没有抱有太大的期待，结果到了中午觉得大盘鸡的土豆咸味和白米饭很搭。下次若有机会我还是想做大盘鸡（剩饭）便当，中日结合的美味。应该还有很多中国的食材和菜肴适合做便当的，我想日后慢慢研究。

• 大盘鸡便当。摄影：吉井忍

极客快手便当

**我们的读者中有不少技术人士，常常加班，做饭的
时间不多，有时也容易不注重营养。能否推荐一个
营养均衡又方便快捷的快手便当菜谱？**

• 照烧鸡肉步骤。摄影：吴飞；图片来源：《四季便当》

　　若大家要开始带便当，我的建议是先做几道材料容
易入手的，如照烧鸡肉。"照烧"用一个平底锅就能搞定，
而且照烧的酱汁调配也很好记，生抽、料酒和白糖的比
例是 1：1：1，另加一点点淀粉即可。

照烧鸡肉的材料：

鸡腿肉：一块（约250克，可以在肉摊请售货员剔骨）

生抽、料酒、白糖：各两汤匙

淀粉：半汤匙

姜泥、芝麻油：少许

照烧鸡肉的制作：

1. 处理鸡肉：鸡腿肉建议用常温的。将鸡腿肉切大块，用姜泥和料酒腌两三分钟。

2. 加热鸡肉：开中火，将平锅预热，鸡腿肉的油分较多，不需放油。将鸡腿肉的皮朝下开始煎肉，直到鸡皮呈黄金色翻面，继续加热到鸡肉八分熟。若流出来的油太多，可以用吸油纸除去油分。

3. 调味鸡肉：从锅边倒入调味汁（生抽、料酒、白糖和淀粉），并把火势调小。调味汁的泡沫变小时，盖上盖子焖两分钟。鸡皮上呈亮色、酱汁变稠后关火。

便当盒里先放白米饭，接下来放置好主菜。配菜方面若来不及，就撒点芝麻或放些咸菜也行，不够的营养素可以在早餐和晚餐的时刻再补充补充。至于便当盒，

首先可以用 Lock&Lock 等塑料的盒子试试看，若觉得自己确实喜欢带便当，就按自己的饭量（决定盒子的大小）和习惯（喜欢加热就要买塑料制，木制的漂亮但不能加热）购买心爱的一个。

便当确实会给你带来不同的回忆，上班的日子一个人吃的也好，在家里早上做一个带给你的家人也好，都会给你带来独特的情感。希望日后有机会再和大家分享分享。

吉井忍 ｜ 日籍华语作家，现旅居北京。曾在成都留学，法国南部务农，辗转台北、马尼拉、上海等地任经济新闻编辑。现专职写作，著有《四季便当》《东京独立书店巡礼》《本格料理物语》等书。

执行策划：

不知知（炸鸡：100% 满足脆皮之欲）

不知知（咖啡：三分钟造梦机器）

不知知（日本料理：家庭料理之心）

荣　妍（意大利面：面与酱的繁文缛节）

纪宇彪（食物技术革新：从古早到未来）

微信公众号：离线（theoffline）

微博：@ 离线 offline

知乎：离线

网站：the-offline.com

联系我们：AI@the-offline.com

日本"人间国宝"级美食家北大路鲁山人有一句比喻：家庭料理就像料理中的真实人生。日料店的精致料理不能完全体现和食的精髓，因为任何事物，一旦过度矫饰，其形式即会掩盖真实。在北大路鲁山人的"和食原则"里，从米的食味特点到一餐一饭的食器，烹饪者须体察食材的本质，保有家庭料理之心。

责任编辑：胡　南
插画设计：于海天
封面设计：MXK DESIGN STUDIO QQ:1765628429　于海天

影响力
INFLUENCE

离线
OFFLINE

上架建议　科技·文化

ISBN 978-7-121-40159-6

9 787121 401596 >

定价：98.00元（全五册）

厨房里的技术宅：写给美味的硬核情书

日本料理：家庭料理之心

GEEKS IN THE KITCHEN: JAPANESE CUISINE

邹 熙 主编

中国工信出版集团

電子工業出版社
PUBLISHING HOUSE OF ELECTRONICS INDUSTRY
http://www.phei.com.cn

什么是意大利面？是长长的、黄黄的、有很多形状的面条？是经常和金枪鱼、番茄搞在一起的面食？是意大利人经常吃的主食？首先，只有使用semolina，即硬粒小麦粉做成的面食，才有资格被归到意大利面的总称 pasta 之下，称得上是标配版的意大利面。另外，谈及意面，我们还得稍微了解一些更为古老的事……

责任编辑：胡 南
插画设计：于海天
封面设计：MXK DESIGN STUDIO
QQ: 1703626420
于海天

影响力 INFLUENCE

离线 OFFLINE

上架建议 科技·文化
ISBN 978-7-121-40159-6

定价：98.00元（全五册）